U0210149

Kiyoshi Sey Takeyama

[*Ku*] empty

「空」とはもともとサンスクリットの *sunya* であり、何かを欠いていること。
ゼロを発見したインド数学で、まさにそのゼロを指す。空虚がすべての底に横たわっている。
仏教ではこの世に実体はなくすべて変転してゆくと捉えるが、これを貫く原理が「空」だ。
何もないことでもあり、すべてを支える関係のことでもある。仏教の最も深遠な原理だ。

「空」という漢字は空っぽという意味も持つが、空という意味も持つ。
日本語では、この空っぽという意味、あるいは仏教的概念のときには「くう」と読み、空の意味では「そら」と読む。
したがって、日本人が「空の間」と聞かされたときには、仏教的な「空」と空の意味を同時に感得する。

建築は「空」に憧れている。

The original Sanskrit of "*Ku*" is *sunya*, which means a lack of something.

It also indicates zero, a mathematical discovery from ancient India. Emptiness lies beneath everything.

Buddhists perceive that the world is insubstantial and everything changes, permeated by the principle of "*Ku*".

It is emptiness as well as the relationship that supports everything.

This is one of the most profound principles of Buddhism.

The Chinese character "*Ku*" means not only emptiness but also the sky.

In the Japanese language, this Chinese character is pronounced "*Ku*" when it means emptiness or suggests a Buddhist concept, and pronounced "*Sora*" when it means the sky.

Therefore, when we hear "*Ku no Ma*" (which means the "room of emptiness / the sky") we sense the "*Ku*" of Buddhism as well as the meaning of sky.

Architecture desires "*Ku*" / emptiness / the sky.

“空”仿佛是缺少了什么，带有某种不足。印度数学中“零”的概念所指的就是“空”。

所有一切的底部都可以找到“空虚”的影子。

佛教认为这世界并没有实体存在，所有的一切皆以不断变化的“相”存在着，体现这一说法即是“空”的道理。

虽然“空”无一切，却是所有“道理”的基础。这是佛教最深奥的道理。

汉字“空”除了“什么都没有”的意思之外，也指“天空”的“空”。

在日语中“什么都没有”，也就是佛教意味中的“空”是念作“*KU*”；而“天空”概念的“空”，是念做“*SORA*”。

因为这多层性的关联，日本人在听到“空的空间”时，会同时意会到佛教的“空”以及“天空”的“空”这“双重意境”。

建筑向往着“空”。

“공”이란 본디 산스크리트어로 *sunya*로, 무엇인가가 결여되어 있는 것.

제로를 발견한 인도수학에서의 바로 그 “제로” 를 말한다. 공허가 모든 것의 토대에 놓여져 있다.

불교에서는, 이 세상에 실체는 없고 모두 이리저리 변하여 달라져간다고 보지만 , 이를 관철시키는 원리가 “공”이다.

아무 것도 없는 것이며, 모든 것을 지탱하는 관계이기도 하다. 불교에서의 가장 심원한 원리이다.

“공”이라는 한자는 ‘텅 비다’ 라는 뜻도 있지만 하늘이라는 뜻도 있다.

일본어에서는 이 ‘텅 비다’ 라는 뜻을 말하거나, 혹은 불교적인 개념을 말할 때는 “구”라고 발음을 하고,

하늘의 뜻이면 “소라”라고 발음한다.

따라서 일본인이 “구 노 마”(공의 방) 라는 말을 들으면 불교적인 “공”과 하늘의 뜻을 한 번에 감득한다.

건축은 “공”을 동경한다.

[*Ku*] empty | [*Mu*] infinite [*Ma*] distant [*I*] different [*Kyo*] imaginary

無は有為転変の彼方の無限だ。
言葉が無に結晶する。

Mu is the infinite, visible beyond the vicissitudes of this world.
Words crystallize *Mu* — the infinite.

“无”是因缘变化的无限。
语言是“无”的结晶。

무는 유위전변의 저편에 있는 무한이다.
언어는 무로 결정을 이룬다.

[*Mu*] **infinite**

In ancient times, blue was the most admired color, or so it seems.

古代、ブルーは憧れの色だった。そうだろう。

紫阳花的蓝令人惊艳

紫陽花の青いやつにははっとさせられる。

静けさのようなモノ。懐かしさのようなモノ。

It implied calmness. It implied longing.

一枚の壁が大きな空間の中にすっくと立ちあがる、というイメージ。
ブルースクリーンハウスも。

ふとした着想をたいせつにあたためて、
構想へと育て上げるといいよ。
着想は自分自身の楽しみ。
構想は伝える相手とともに分かち合う喜び。

从想法开始孕育出构想，想法是自娱自乐，构想是要让对方也能理解的

Poesy is an error in the process of thinking. Refine and savor these errors.

建築の佇まいというのは
自然への態度、
振る舞い方を
現し出してしまうものなのだと思うよ。

ポエジーとは思考のエラーである。
エラーを磨き上げ、味わい尽くせ。

静与动

スタティックな位相とダイナミックな位相を導入するとして、

スタティックにも空間のヴォリュームによってさまざまな位相が考えられるし、

ダイナミックにもスピードによってさまざまな位相が考えられるよね。

The figure of architecture is inevitably revealed by its attitude or behavior with regard to nature.

安静、留白、孤独

像矿物和水一样侵蚀着建筑物的画面

スタティックな位相にもいろいろあると思う。

ゆっくり佇む余白、

大人数でわいわいやれる空間、

一人静かに孤独を味わうスペース、・・・

<脈脈都市>にスタティックな位相と

ダイナミックな位相を導入したい。

鉱脈のように、水脈のように、それらが建築物を浸食し、

貫き、穿ち、結びつけていくイメージ。

モノしか見えない目と、空間が見える目。

Eyes that only see objects, and eyes that can see spaces.

看见美好的事物，内心也更加充实

Zigzag, resonance, stasis, fluctuation, waves.

いいモノを見ていると心が豊かになる。

悪態をついているのを読みすぎると、心が貧しくさもしくなっていくのかもしれないよ。

ジグザグ、余韻、無為、揺らぎ、波。

世界是不均质的，这让我想起了闪电

最短距離がギザギザかもしれないでしょ。

稲光を想起。世界は不均質空間だから。

まっすぐ走らせないんだ。

ディレイをかけて。

いらいらもデザインのうち。

断片のきらめきは愛すべき詩情をたたえている。

不直走，迂回前进吧

片断是美好的

Do not recite your theories. Similarly, do not design your theories.

在篮球场上，进攻时通常象是闪电般曲折地前进的

理屈を詠ってはいけない。と同様、
理屈を設計してはいけない。

速攻でない限り、バスケットボールでは
ゴールに向かってジグザグに進んでいく。

屈折が世界に意味を生むんだ。
refraction。

悟性は単純を好む、けれど、身体は迂遠な回路を好む、場合もある。
建築も、恋愛も、迂遠な回路に満ち満ちている。

Refraction gives rise to meaning in the world.

Wisdom prefers simplicity, though bodies prefer detours, sometimes.
Architecture as well as love affairs, how they are filled with detours!

方向性与等级性的引入，令空间产生更多的变化

只有信息是不能脱离无知的

運動の感覚は欲しいが

グニャグニャ躍動する必要は、ない。

方向性と位階性がおのずと流れを生むから。

建筑构想即世界构想

情報さえ得れば無知を脱し得る、と

考えるのが傲岸不遜というものだよ。

建築の構想と世界の構想は結びついている。

汝は我の投影であり、

我は他者の屈折である。

近代建築はまずなによりも

ユートピアを求める運動だったのだから。

神話はそもそも夢見る時代の物語。

Since modern architecture was, from the beginning, a movement aimed toward utopia.

神话是梦之时代的故事

You are a projection of me, and I am a refraction of you.

A tea ceremony bowl contains a world.

有时候回头看看是必要的

茶の湯の器は、
世界を宿しているんだ。

利那利那を微分的に生きてるところがあるので、
ときどきゆっくりふりかえる必要がありますね。

立ち向かうときには立ち向かわなければならない。
徹底的に、断固として、容赦なく、しかし冷静に。怒ったら負けや。

稍稍地、平静地、爽快地、迅速地

突然の出会いは人生を豊かにする。

面对它，动怒的话就输了

そっと、じっと、すっと、ぱっと、やってみよう。
そのくりかえし。

建築的想像力は個と共同体、
個と家族を結びつける。

建筑的想象力是个人和社会、个人和家族的联结

Unexpected encounters enrich our lives.

Eat together and sing together. Architecture is the making of such places.

闇这个字是门的中间加一个音

闇というのは門のなかに音と書くんだ。

光的分布和声的分布

共に食べ、共に歌おう。
建築はその場所づくりだ。

光の分布に対して、
音の分布。

音の響き、広がり、強度、硬度の変化による空間の構築。

根据声音的变化构筑空间

人間は普遍的で永遠なものに憧れつつ、いざそれが到来すると、
嫌悪しだすにきまっているのだ。
そもそも運動するもの、変化するものにしか
惹きつけられないのだから。

耳を澄ますこと。そっと、じっと。

Listen carefully. Quietly, patiently.

人类只对运动、变化中的事物感兴趣

Since ancient times, the imagination of architects has been devoted to conceiving places of encounter.

自然和身体是不可分离的

意識を身体から明快に切り離せって言ったって。

自然が身体にまとわりついて離れない。

古来建築家の想像力は出会いの場所の
構想に捧げられて来たのだ。

建筑家的想象力是为了创作出让人相遇的场所而来的

湿度が高いと光と影どころか、
身体と空気の境目も曖昧になる。

計画の余白、自由の余地をも「計画」できればと願って、
《未完結》とか《不連続》と唱え続けている。

随着温度升高，身体和空气的界线变得模糊

Desiring to “plan” the unplanned, to create margins for freedom,
I continue to invoke “incompleteness” or “discontinuity.”

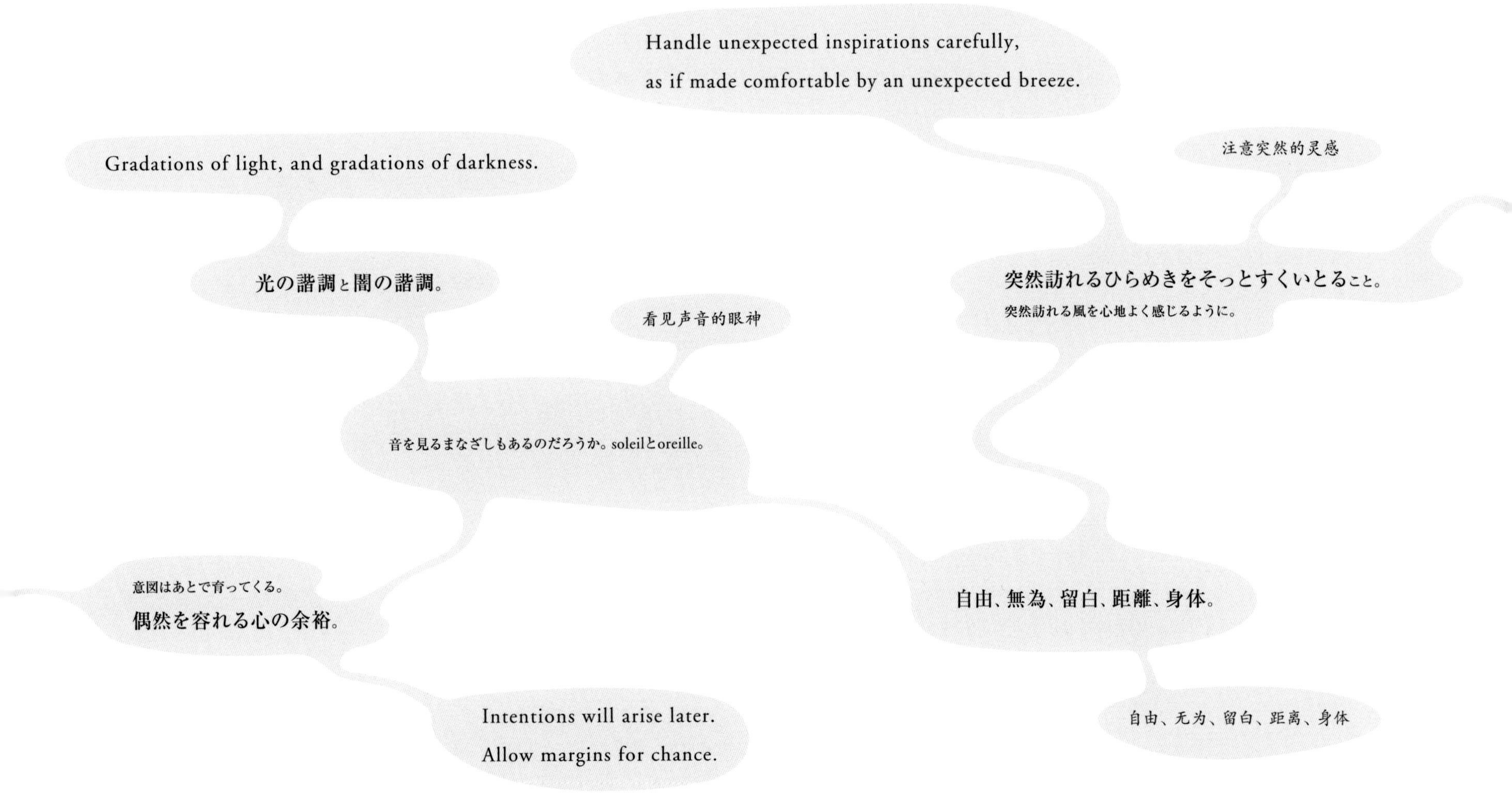

Handle unexpected inspirations carefully,
as if made comfortable by an unexpected breeze.

注意突然的灵感

Gradations of light, and gradations of darkness.

光の諧調と闇の諧調。

突然訪れるひらめきをそっとすくいとること。
突然訪れる風を心地よく感じるように。

看见声音的眼神

音を見るまなざしもあるのだろうか。soleilとoreille。

自由、無為、留白、距離、身体。

意図はあとで育ってくる。
偶然を容れる心の余裕。

自由、无为、留白、距离、身体

Intentions will arise later.
Allow margins for chance.

To be sure, windows, walls, and stairs are all nothing more than devices for connecting spaces while simultaneously maintaining appropriate distances between them.

努力と偶然の訪れは比例するんだと思う。
我慢と幸運も。

努力和偶然是成比例的

そうか、窓も壁も階段も、
適切に距離をとりながら
空間相互をつなげてゆく装置なんだ。

風土は、その土地に行って、全身で体験しないとわからない。
人間は主体的に環境に関わることができるけれども、
環境を改変することさえある程度可能だけれども、
そもそも環境によってその感性が形作られている。

対待偶然，随遇而安的心态是必要的。

あとは偶然を待ち受ける心の余裕かな。

不亲身体验过是不会懂“风土”的这份感受是因环境而形成的

Drawing lines will allow you to make serendipitous discoveries.

線を引くうち思いがけない発見に行き当たることもある。

任何人都会尊敬不懈努力的人

自身を磨く努力を続ける者へ誰もが敬意を捧げる。

人間が信じられるなと思うのはそんなときだ。

偶然并不是必然

未来则处处是偶然

偶然は必然ではないから。

未来はつねに偶然のうちにしかないしね。

「無為」とか「目的を持たない空間」とか

『ぼんやり空でも眺めてみようか』とか、

ずいぶん懶惰のすすめをしてきたな。根が懶惰なんだ。

“不作为”和“无目的的空间”会让惰性持续成长

把建筑这种行为当作学习的对象

建築の構想では物体でなくて物体と物体の関係をまず思い浮かべるもの。
明暗、陰影、空気、空間。

建築という行為を学の対象とする。

好的建筑具有好的公共空间的形态

「自分勝手」と「思いやり」が
ごく自然に出会うかどうか。

不要相信“一意孤行”和“三思而后行”能够并存

いい建築は
いいパブリックな場所の形をもっている。

何か価値あるものが生まれるのは、違和感からでしょう。

Good architecture possesses the forms of good public spaces.

为了自由，墙壁是必要的

自由であるためにこそ壁が必要なんだ。

无、虚、间、异之中，贯穿了空

無と虚と間と異、
そのさなかに穿たれた空。

There is humor in sincerity.

誠実ななかのユーモア。

参加型、対話型の教育が必要。
とするなら、建築のエスキスはそいつを地で行ってる

参与型、对话型的教育是必要的

無為の時間、そこに喜びは生まれる。

In times of idleness, joy will arise.

死にゆくものにとっての建築とは…

对必然死去的人而言建筑是什么？

Tracing a route between sensuality and sensibility.

I am talking about architectural design.

It is difficult to determine their balance.

It is better to cut precious things with care.

たいせつなものはそっときりとるほうがいい。

官能と理性のあわいを進みゆく。

建築設計の話ですけど。その案配と決断が、難しい。

自然とともにありたい、と思ってはいるんだよ。

希望与自然共存

生命力の衰えを感じるとき、はじめて生命が輝いて見える。

生命之树慢慢枯萎之时，才得见生命的光辉

Architecture serves a place of encounter between people and something else.
Individual to individual, individual to family, individual to community, individual to concept, wisdom, music, sport ... God.

光影相生，意象万千

建築は人と何かが出会う場所だ。

個と個、、個と家族、個と共同体、個と観念、知、音楽、スポーツ、・・・神。

光と影は分離できない。

光の諧調と陰影の諧調もまた、

知覚的な差異に過ぎない。

しかしそれが生み出す虚構（物語）が大きく異なるのだ。

知りたい、もっとわかりたい、という気持ちが失せてくるのかね。

和人相遇、联系着人、包围着人，是建筑所拥有的能力

生身の身体で出会う、生身の身体を巻き込む、

生身の身体を包み込む。それが建築のもつ力だ。

是否还保有求知的欲望呢

自由和墙的关系是复杂的

无墙化、透明化是强者的理论，与自然选择密切相关

自由と壁との関係はいとも複雑である。
「自由への壁」という逆説。

壁の撤去、建築の透明化は、
一歩間違うと強者の論理、
弱肉強食の世界につながることもある。

実 real のまわりに
虚 imaginary の広がりを見るのが
ポエジーだと思う。

Poesy is seeing the imaginary that engulfs the real.

虚室生白。からっぽであることの、いかに豊かであることか。

心无杂念，空即是丰富

Mu (the infinite) is the written word
Ma (the distant) is the past
I (the different) is the present
Kyo (the imaginary) is the future

Now: *I*, the different. Future: *Kyo*, the imaginary.
Contained, brimming, overflowing, and again contained: *Ku*, the empty.
Past, looking back: *Ma*, the distant.

無は言葉　間は過去　異は今　虚は未来

いま、異、different. 未来、虚、imaginary.
うけとめて、こぼれて、ほとばしらせて、またうけとめる、空、empty.

無をinfiniteと解釈。

Interpret *Mu* as the infinite.

来し方、ふりかえる、間、distant.

过去、回顾、间、遥远

空はからっぽだからこそ、
世界を関係づけてくれる。

Ku, because of its emptiness, makes a relationship with this world.

間はなにものかを想起させる距離だ。
過去は間をおいて形をとる。

Ma is the distance across which someone or something is remembered.
The past takes form through *Ma* — the distant.

“间”是唤起事物记忆的距离。
过去以“间”的形式而存在。

간은 무엇인가를 연상시키는 거리이다.
과거는 간을 통해 형태를 짓는다.

[***Ma***] **distant**

方林円庭
Horin Entei
方林圓庭

水は方円にしたがう。これはもともと、人は体制に順応するものだという荀子の言葉に加え、えてして人間関係にも影響を受けやすい、という含意もこめて人口に膾炙流布していった言葉です。
しかしこの言葉はもっと自由な解釈が可能です。
つまり、器は方だろうと円だろうと、どのような形にもなり、さらにそこにとどまらない、水のような自由な心、と。

方正―きっちりした「方」―にも、円満―おだやかな「円」―にもその姿形をやつすことのできる水。ときに、急流や瀑布や津波とも化する水。やすらぎも情熱も、静けさも冷たさも象徴することのできる水。生命の源であり、心の栄養たるポエジーをたたえ、涙へと姿を変えもする水。そして身も心もいやしてくれる温泉ともなる水。

方林円庭はそんな水の記憶、水の力、自由な形をとるイメージの力を身体いっぱいに受けとめるために生まれたスペースです。

林立する柱。林という字は「集まる」という状態を意味しています。
方林は人が集い、新しい出来事と出会う場所です。

こんこんと水が湧き出す丸い泉をもつ庭。
庭はひろやかでおだやかな空地を意味しています。交換―交歓―の行われる場でもあります。心と身体が喜びを交換するのです。

方林円庭　水の力をたたえ、人が集い、心と身体が喜びを交換する、そんなスペースが無何有の郷に生まれました。

「水无定性、顺应方圆」，为中国古代智者所说，意思是「水没有固定的形状，顺应外界的环境而改变，遇方则方，遇圆则圆」。不过，还可以有进一步地引申：「心」应该像「水」一样，无论容器是圆形还是方形，「心」皆如水一样自由自在地变化。

水，可以变化成任意的形状——如方形，则方正——规规矩矩；如圆形，则圆满——安安稳稳。水，有时可化为急流、瀑布、海啸，可以平稳与热情，也可以寂静与清冷。水是生命的源头，滋养心灵的诗篇。

化为泪珠的水，也是身心调和的温泉。「方林圆庭」孕育着水的记忆、水的力量，是自由变形之力载体的场所。

林立的柱列。「林」这个字意思是指「集合」这一状态，而「方林」是人相聚相会，将产生新邂逅的场所。

不间断地涌水的源泉之庭。「庭」这个字是指宽广平稳的「空地」之意，是一种沟通——娱乐，分享身心愉悦的场所。

「方林圆庭」充满水的力量，人们聚集于此，分享身心的愉悦，这样的空间，只有在「无何有」之乡才能存在。

Water makes itself in the shape of its vessel, whether square or circle. These words are from Xun Zi, and their original meaning is that men tend to obey political systems. It has become well known due to its implication that men tend to be affected by their companions. However, we can interpret these words more freely. That is to say, the mind is free like water, able to take on the shape of its vessel, whether square, circle, or even formless.

Water can transform itself into the shape of a square — rigid — or into the shape of a circle — peaceful. Sometimes into rapids, waterfalls, or tsunamis. Symbolizing at times ease and at times passion, or serenity and coolness. It is a source of life, nourishing the mind with poesy, and turning even to tears. It becomes a hot spring healing mind and body.

HORIN/ENTEI — Square Pillars/Circle Garden — is a space where the human body can feel the memory of water, the power of water and the force of its freeform imagery.

Gathering pillars. The Chinese character 林 originally signifies gathering. HORIN is a place where people may meet and have surprising experiences.

ENTEI — a garden with a circular fountain, from which water spouts. The Chinese character 庭 originally signifies a broad, peaceful and empty land. This is also a place for exchange. It is joy that is to be exchanged here, with mind and body.

This is the HORIN/ENTEI, filled with the power of water, gathering people and giving a chance for joy to be exchanged with mind and body. MUKAYU country has given birth to this space.

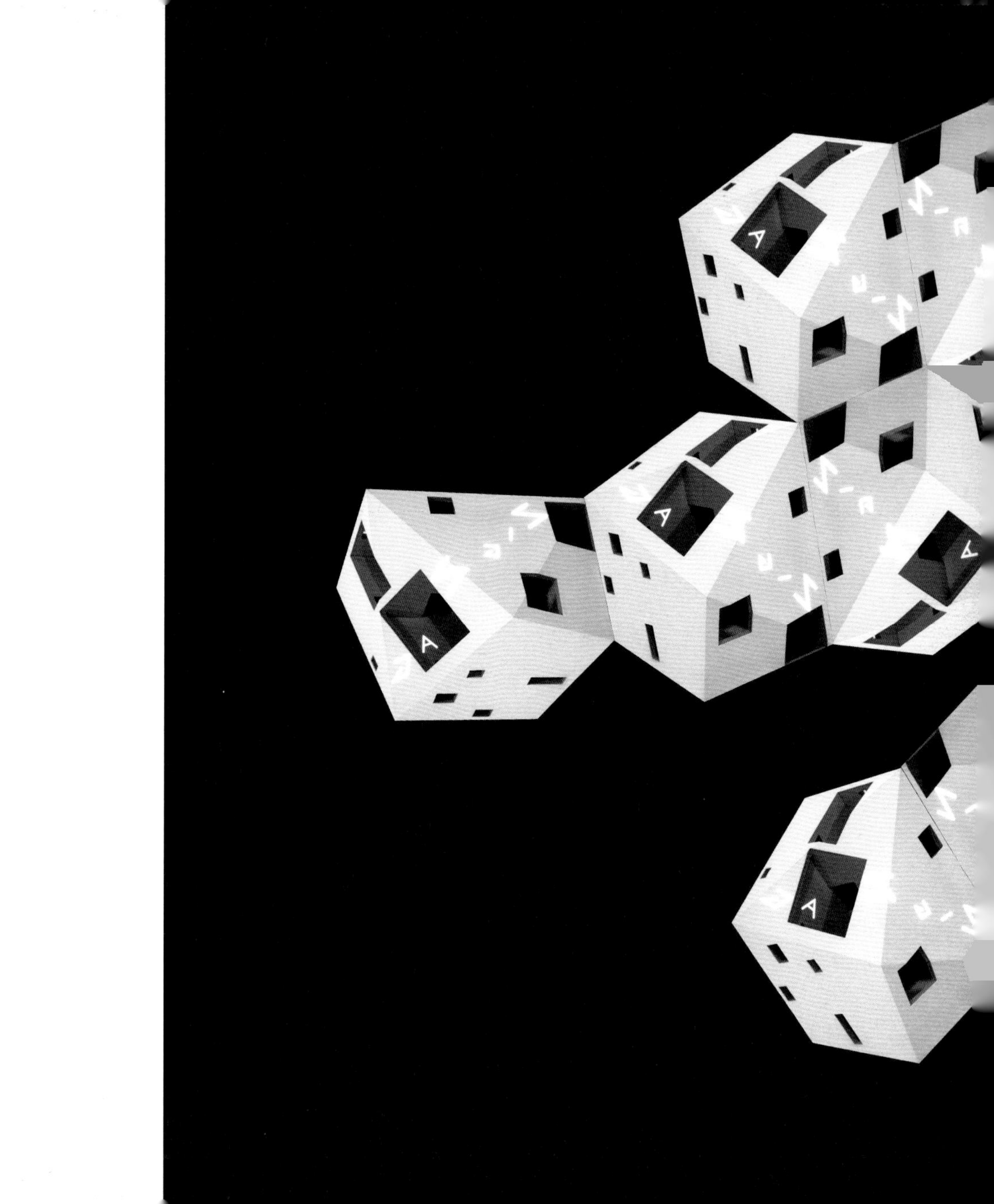

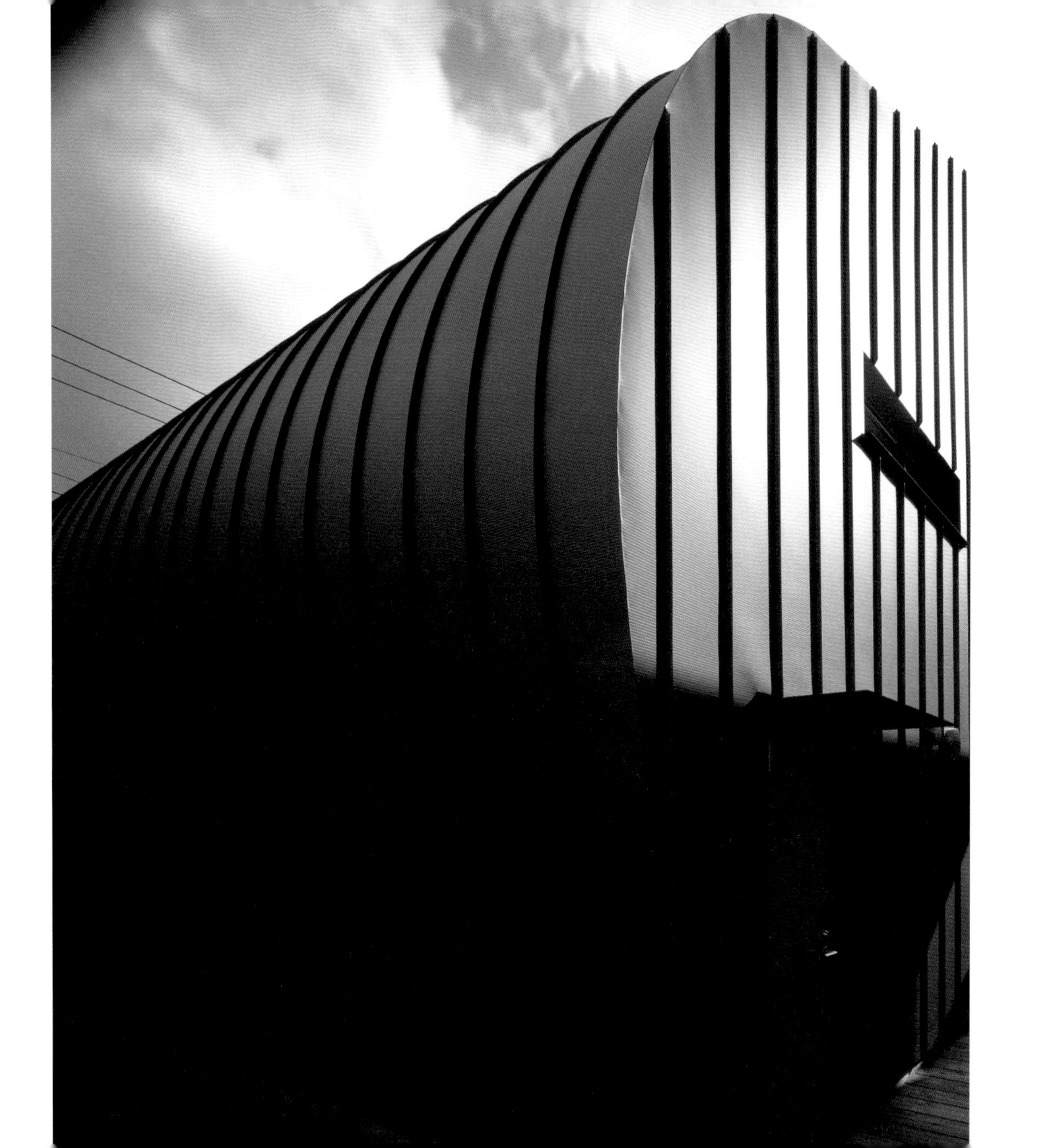

異はとどまらぬ流れのような差異だ。
現在は異なるものの共存である。

I is difference, as with a ceaselessly flowing river.
The present is the coexistence of *I* — the different.

“异”是不停变化的差异。
“现在”是不同差异的共存。

이는 머물지 않는 흐름 같은 차이이다.
현재는 이질적인 것들의 공존이다.

[*I*] **different**

瞻彼阕者，虚室生白。

虚室生白，

吉祥止止。

夫且不止，是之谓坐驰。

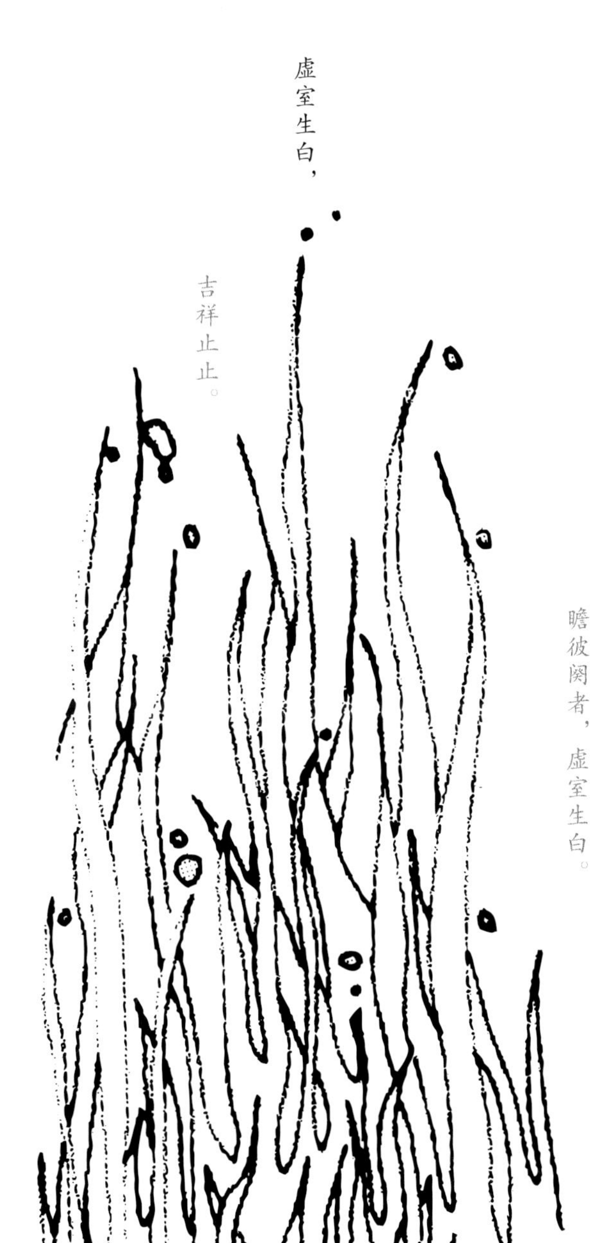

部屋ががらんどうであればあるほど、

より多くの光が内部に満ちるように、

心が無に近づけば近づくほど「道」の働きは顕著になる。

無心の境地に達しないかぎり、

常住坐臥、心の休まるときがない。

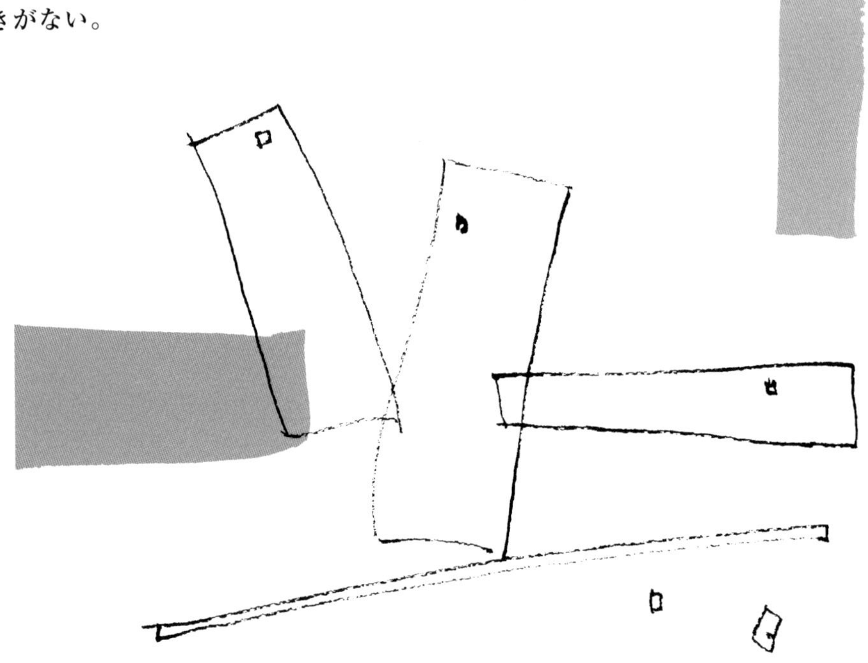

出典『中国の思想 第12巻 荘子』岸陽子訳、徳間書店、1965.

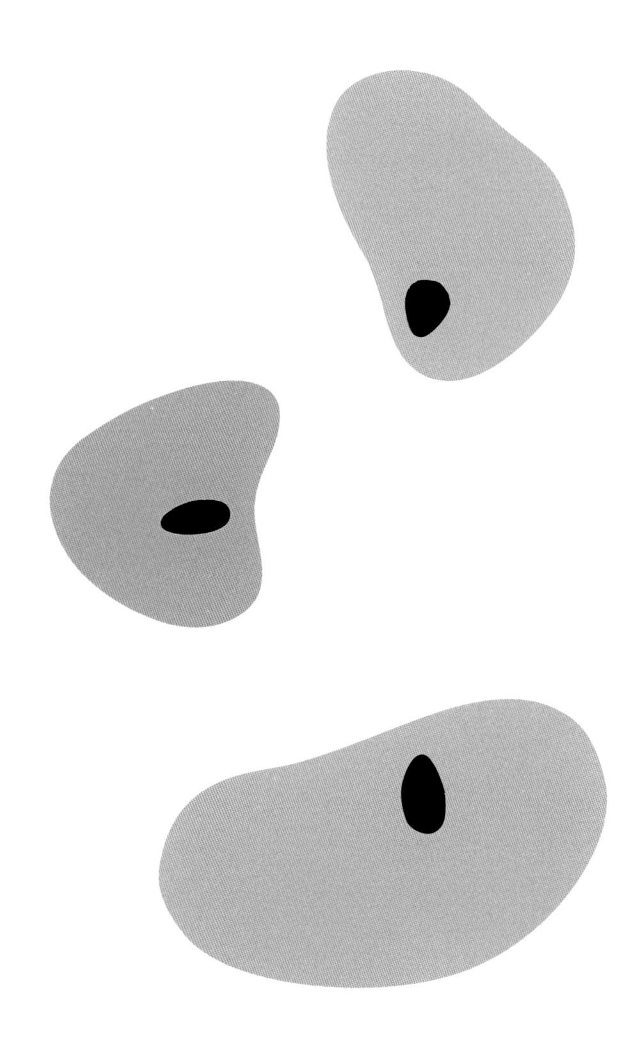

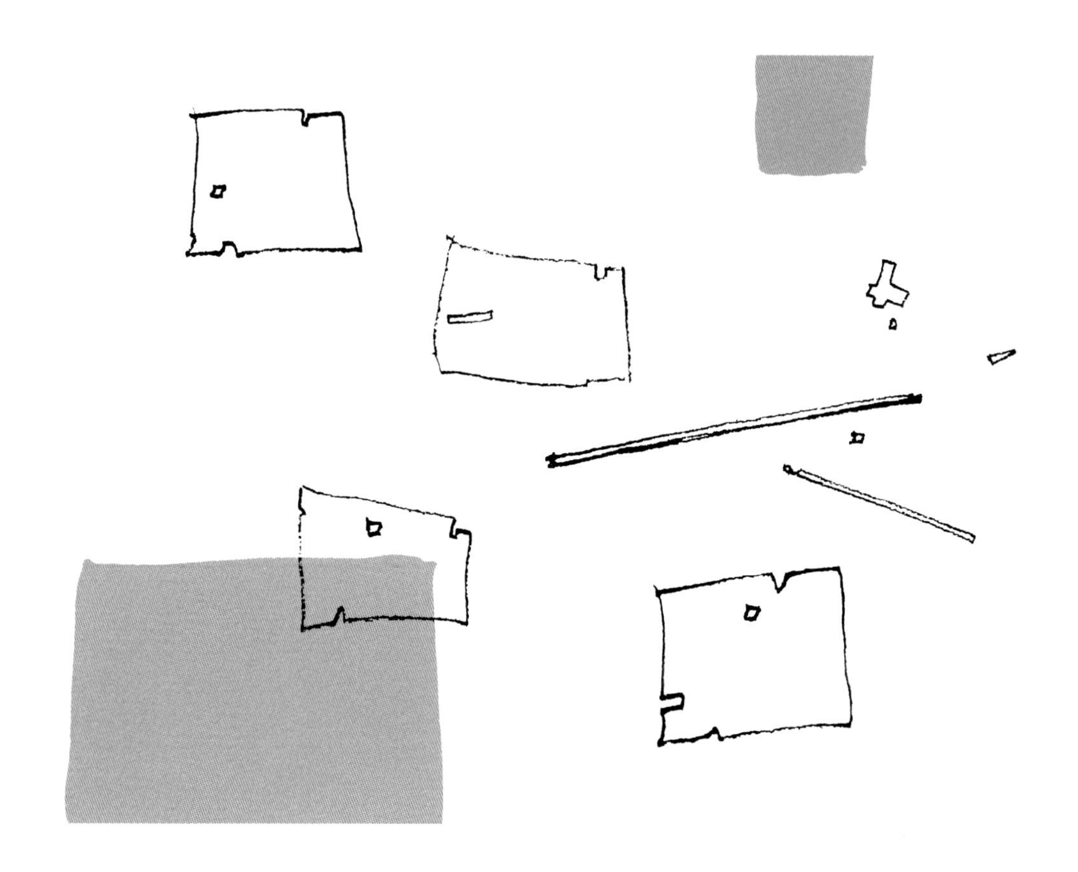

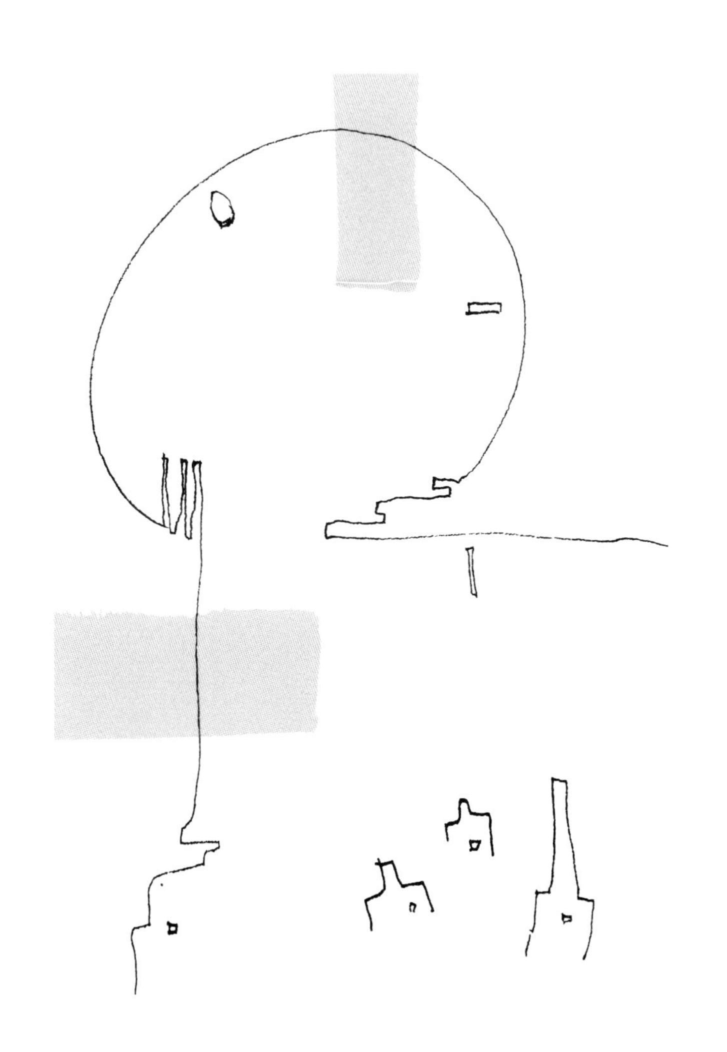

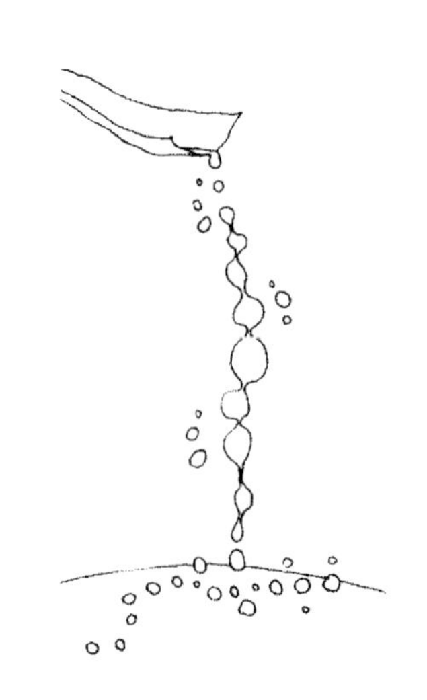

類型学
のなかの身体
マーク・ジョンソン
「西欧的理性」の超克
間の建設
分析事典
R.シェママ 編
読んで面白い
現象学
ヘーゲル
長谷川宏 訳
哲学の最高峰 画期的な新訳
作品社
病理学
新宮一成 著
ガメシュ叙事詩
月本昭男 訳
魔女の神
マーガレット・A・マレー 著
西村稔 訳
礼の過程
V.W.ターナー
名著復活
明の誕生
江坂輝彌・大貫良夫
メリカン・ポップ・エステティクス
スマートさとは何か
裏側からみた都市
川添登
男性支配の起源と歴史
代建築史
ケネス・フランプトン
中村敏男 訳
ARCHITECTURE A Critical History

竹山聖

Jensen & Skodvin Architects
Third Generation
alvar aalto
Modern House
CHICAGO
EMILIO AMBASZ
maximalists houses

#amorphe

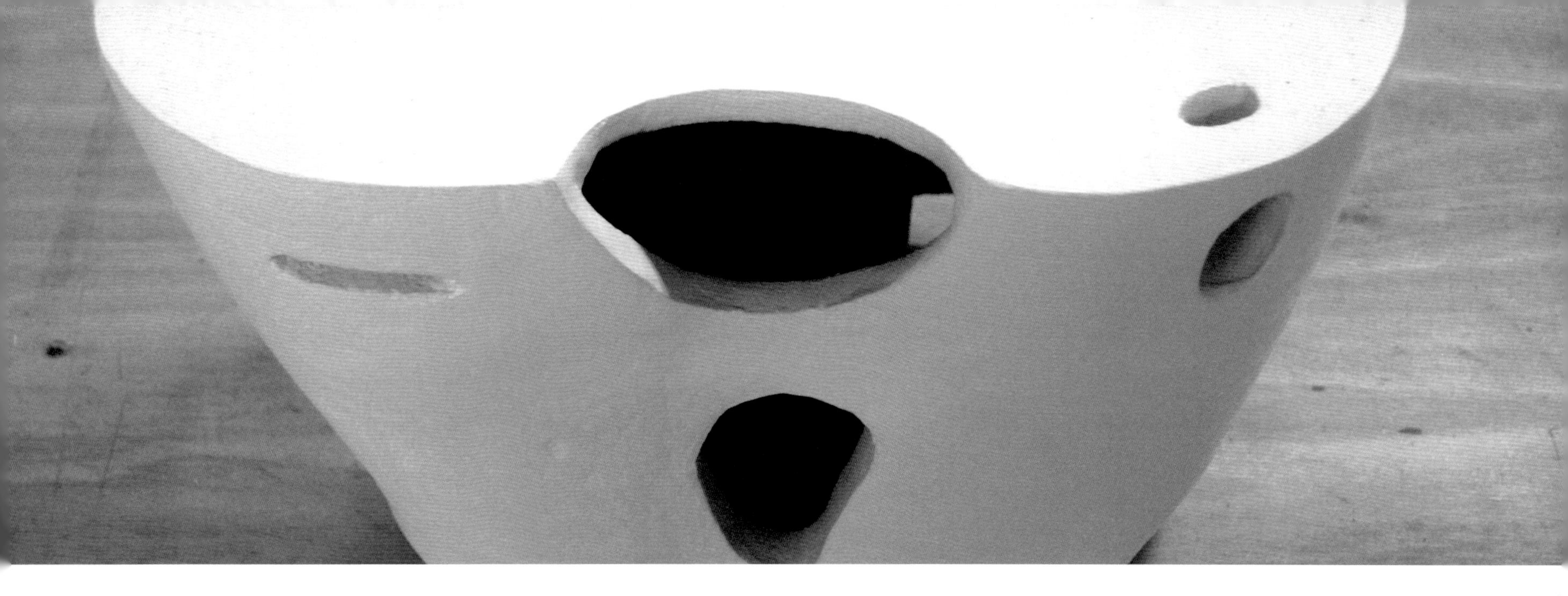

▽1.900

▽1.800

▽1.700

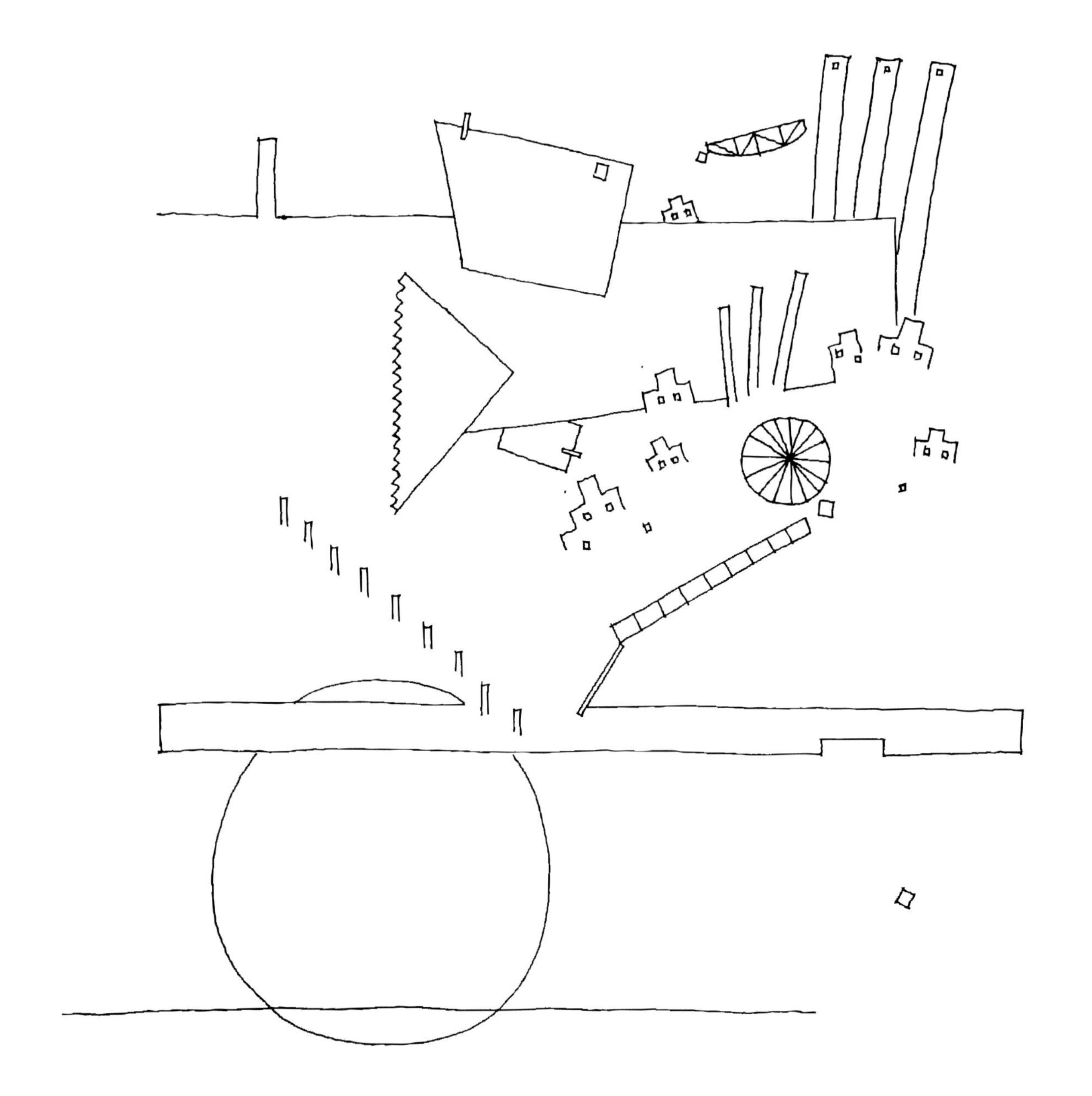

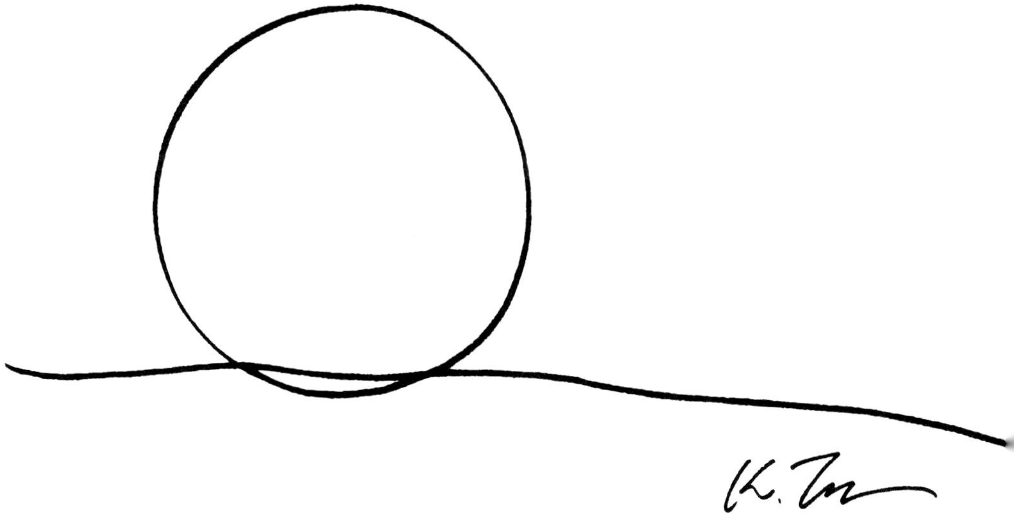

虚は実をとりまく想像の世界だ。
未来は虚の向こうからやってくる。

Kyo is the world of imagination surrounding the real.
The future lies beyond *Kyo* — the imaginary.

“虚”是环绕在“实”周围的想象世界。
“未来”则源自于“虚”。

허는 현실을 둘러싼 상상의 세계이다.
미래는 허의 저 너머에서 온다.

[*Kyo*] imaginary

Temple of Light with Mercy and Wisdom from Buddha or Buddhist Saints

House of Light from Lapis Lazuli

Hall of White Lotus

光明寺瑠璃光院白莲华堂

Komyo-ji Ruriko-in Byakurenge-do

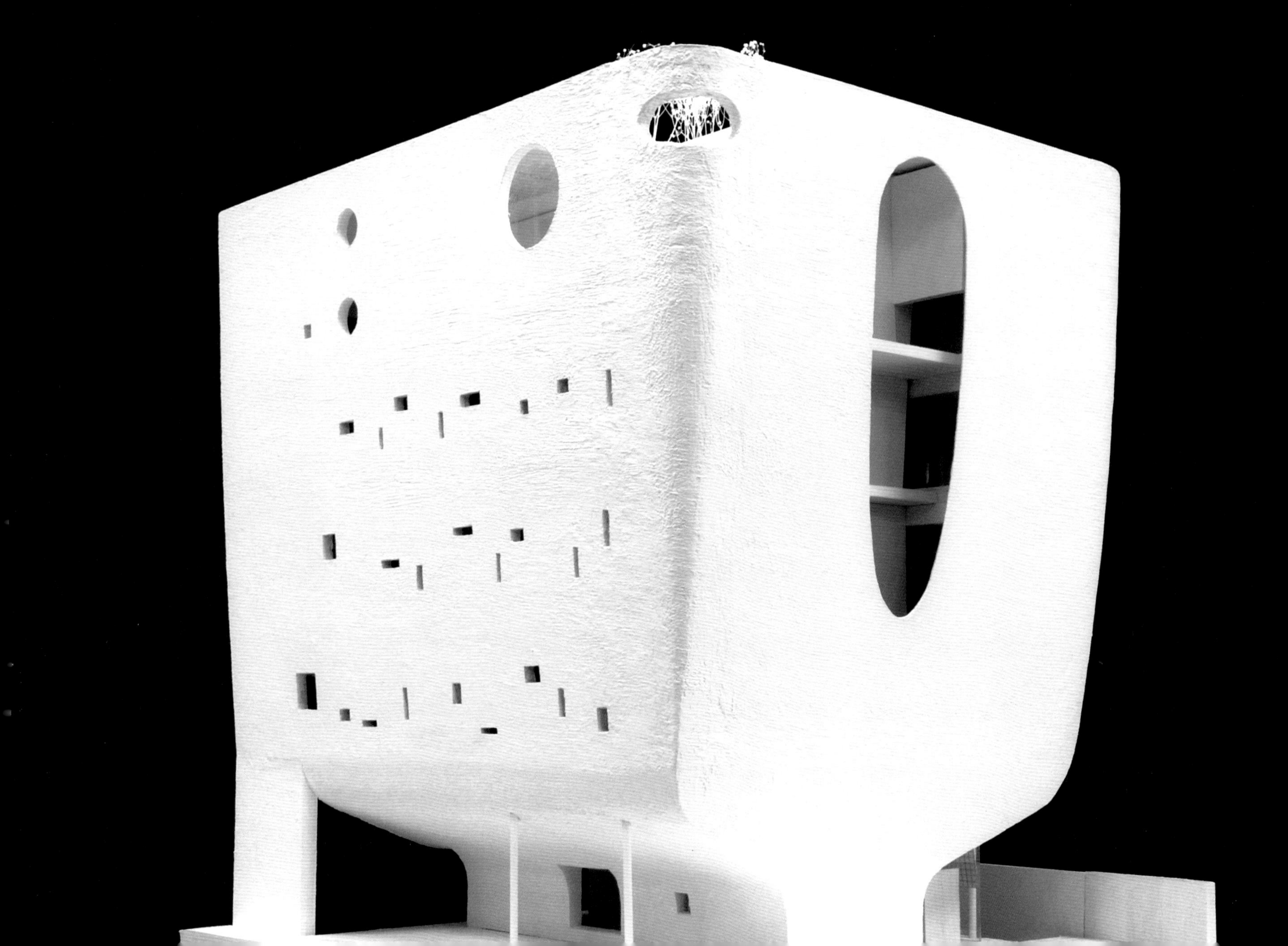

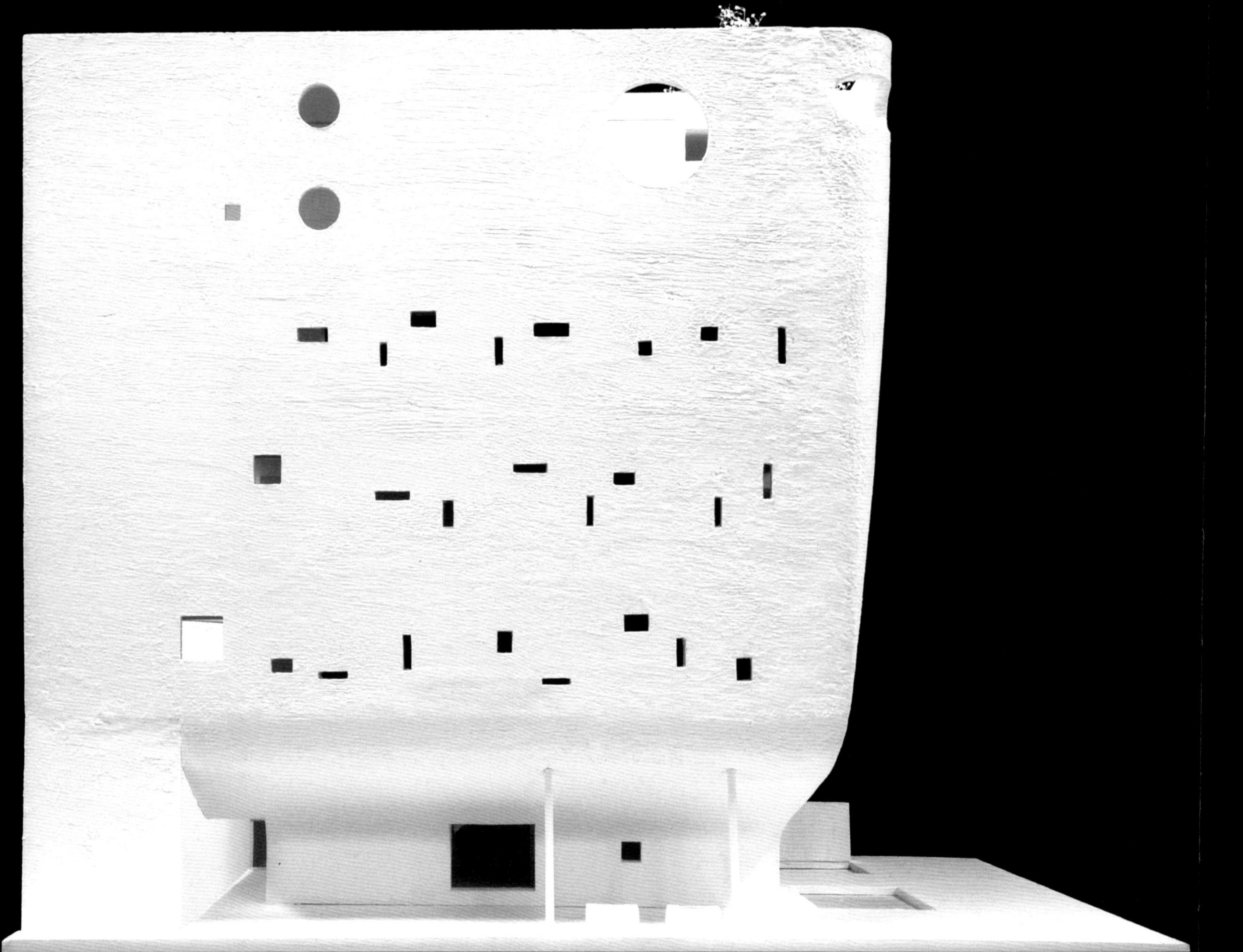

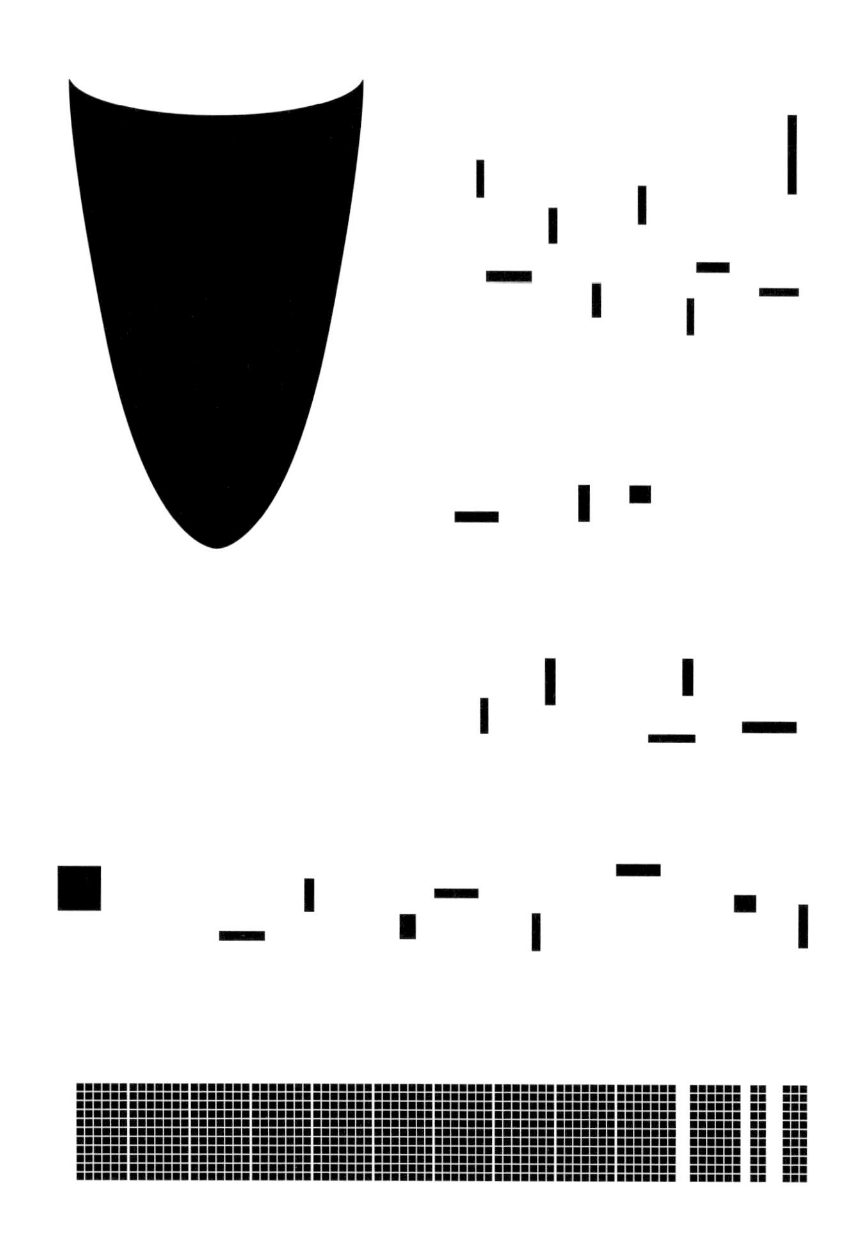

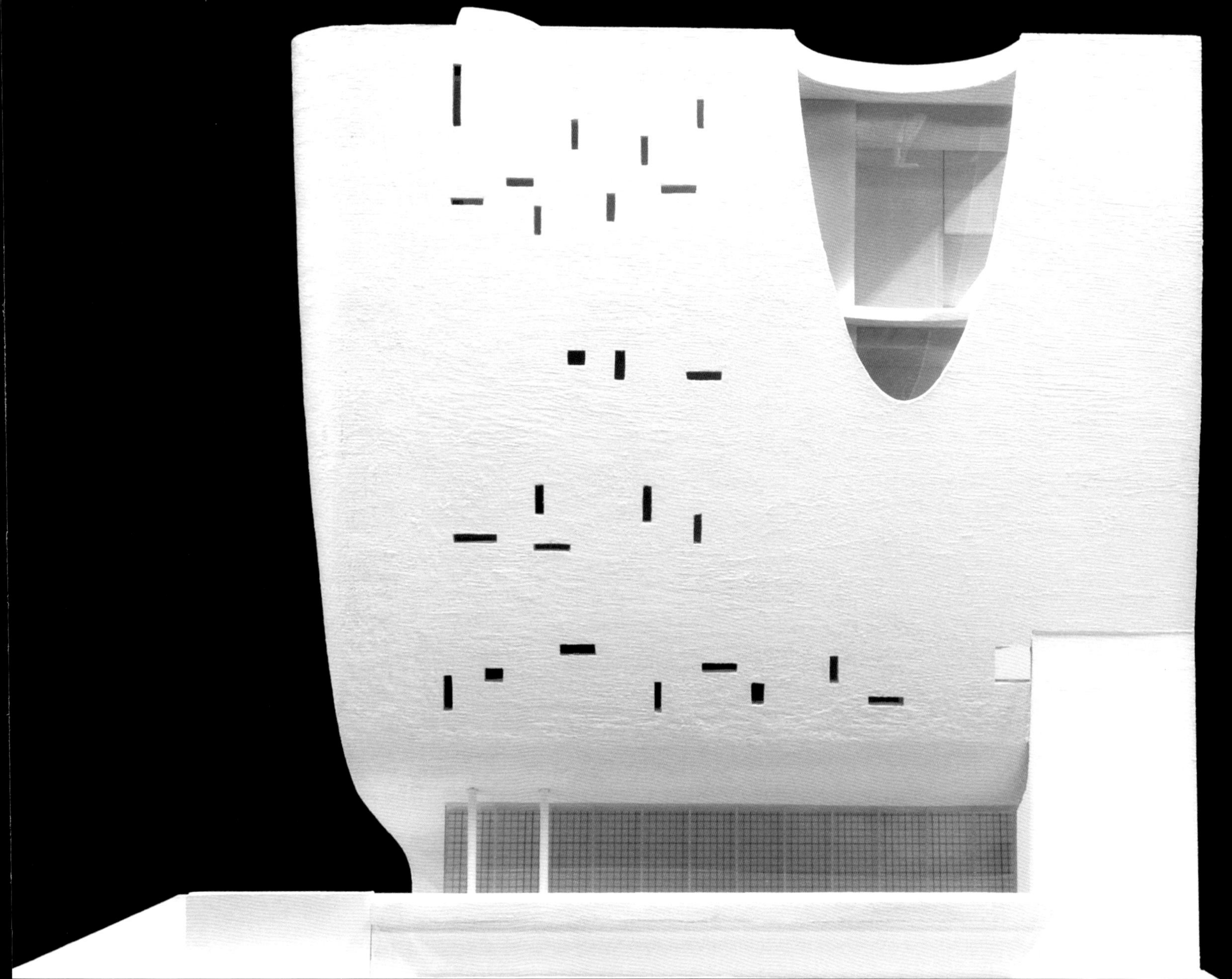

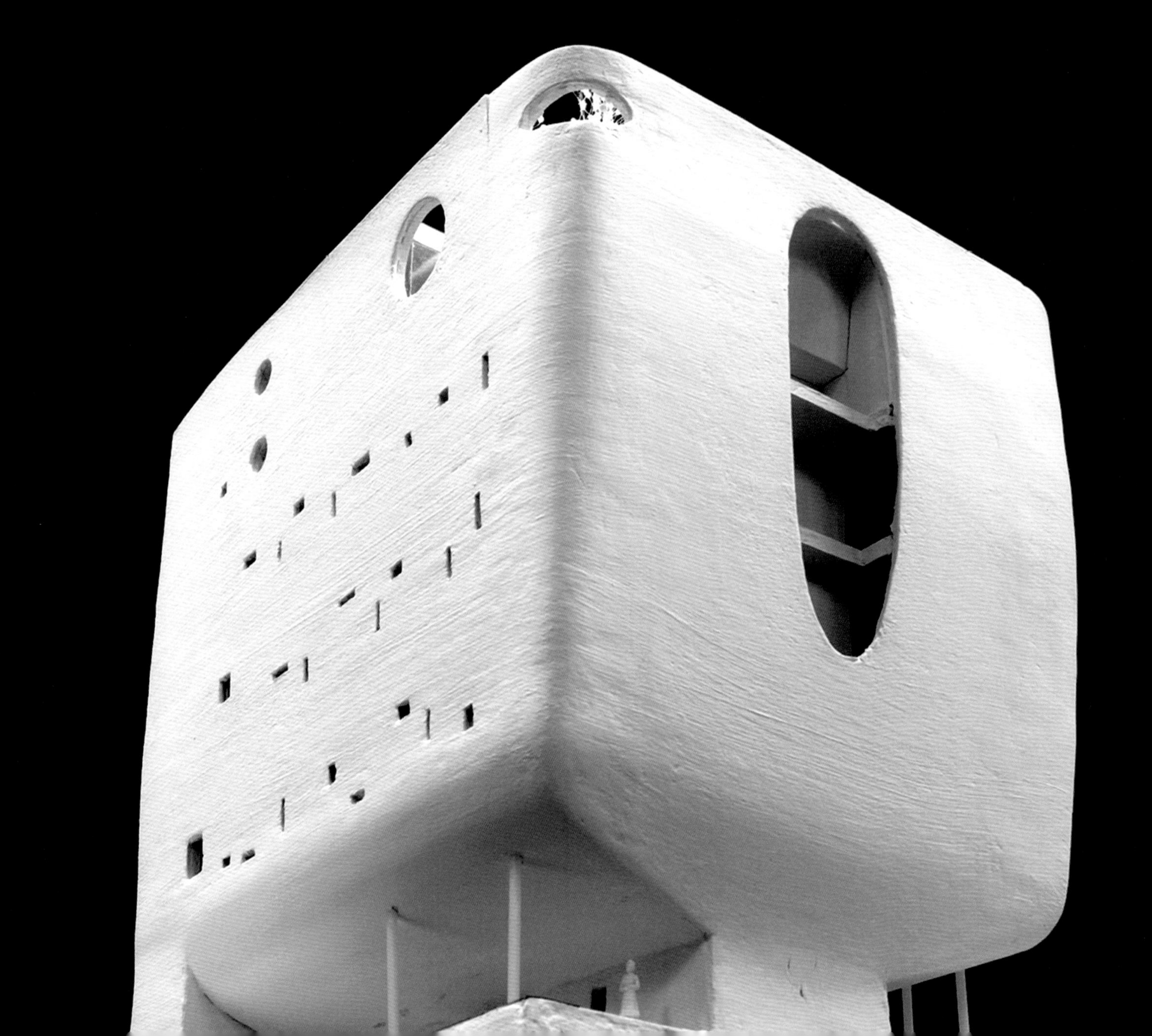

彼岸（equinox）の午後３時、壁に穿たれた細い窓を透した西方からの光が、本尊の阿弥陀如来像を照らし出す。

Pour ce qui est du mot « Ku » en Chine, il ne signifie pas seulement le vide mais aussi le ciel.

En Japonais, nous lisons ce mot Chinois « Ku » pour parler du vide ou pour évoquer le concept Bouddhiste,

et « Sora » pour désigner le ciel. Par conséquent, on comprend à la fois le « Ku » Bouddhiste et le ciel lorsqu'on

entend « Ku no Ma ». De plus, le mot Japonais pour « espace » est « Ku-Kan », « Ku » + « Kan ».

Ce « Kan » peut aussi être lu comme « Ma » ou « Aida » qui signifie « intermédiaire ».

Ce qu'il faut retenir c'est que « Ku-Kan » suggère « Ku-no-Ma » et « le vide intermédiaire ».

Le « Ma » signifie aussi la « pièce », par conséquent,

le « Ku-Kan » signifie « espace / vide intermédiaire » et « Ku-no-Ma » signifie « la pièce vide / le ciel ».

“空”这个字除了“空”虚的意思之外，也具有“天空”这个含意。

在日文里，当具有空虚的意思或者具有佛教的概念时，空这个字念做“Ku”；当代表天空时则念做“Sora”。

然而，当日本人听到“空の間(kunoma)”这个单字时，他们会同时感受到佛教的“空”和“天空”两种含意。

此外，在日文里，空间这两个字念做“Ku-Kan”，也就是“Ku+Kan”。

而“间”这个字在日文里也可以念做“Ma”或者是“Aida”，意为“中间的”。

也就是说，“空间”这个字同时暗示了“空の間”和“空虚之中”。

由于“间”同时也有“房间”的意思，因此“空间”在日文中具有“空间之中 / 空虚之中”的意思，

而“空の間”则为“空虚的房间 / 天空的房间”的意思。

[*Ku*] empty

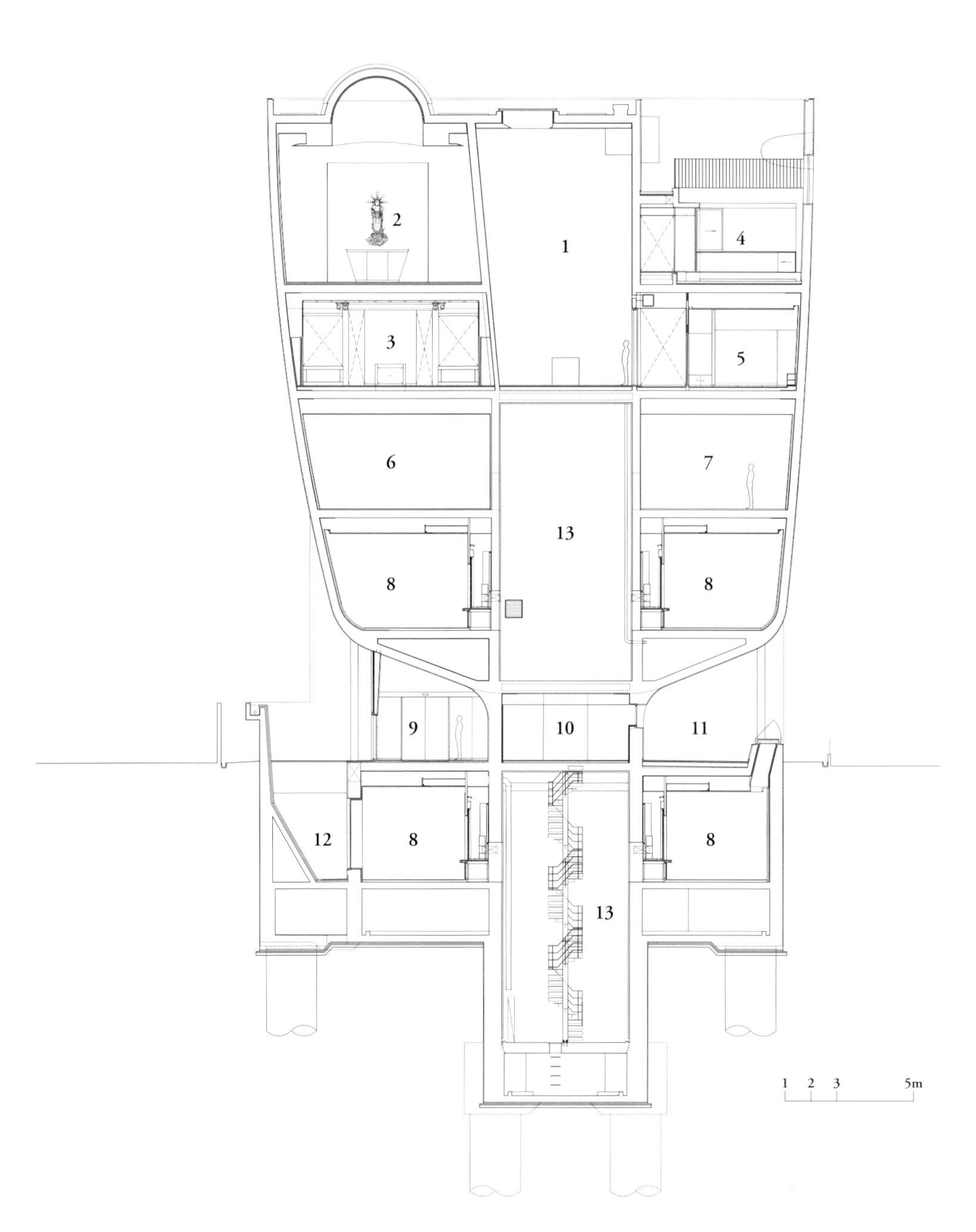

1. 空の間　Ku no Ma : Room of Emptiness / the Sky
2. 如来堂　Nyorai-do : Tathāgata Buddha Hall
3. 本堂　Hondo : Buddhist Main Hall
4. 中庭　Court
5. 書院　Shoin : Seminar Rooms
6. 法要室　Buddhist Memorial Service Room
7. 寺務所　Temple Office
8. 参拝室　Worship Room
9. ロビー　Lobby
10. ラウンジ　Lounge
11. 通路　Passage
12. 滝庭　Waterfall Garden
13. 納骨堂　Charnel House

瑠璃光院

白蓮華堂

超領域へ、そして異界へ

Toward Trans-territory and Another World

迈向“超领域”，走进“异世界”

초영역, 그리고 이계를 향하여

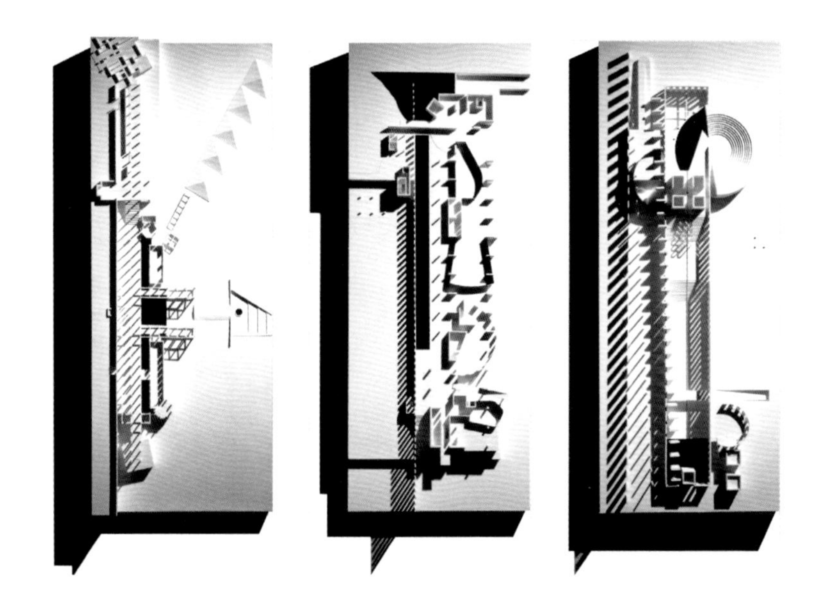

異界を構想すること。つまるところ、建築の課題はここにつきる。

The aim of architecture is to conceive “another world”.

构思“异界”的同时所发生的建筑课题。

이계(異界), 또 다른 세계를 구상하는 것. 결론적으로, 건축의 과제는 여기에 도달한다.

＜想像力解放の装置＞としての建築は、具体的にはその空間を介して人びとの想像力を解放する。空間は、建築的諸要素の関係であり、関係の編み目を読みとるシナリオを描くことが、設計という行為の根底にある。むろんシナリオを裏切るシナリオ、さらに裏切るシナリオ、断念するシナリオ、投げ出されるシナリオ、背反するシナリオ、などなども方法論上の差異であって、ともあれある決断をもって空間は構想され、領域は関係づけられる。＜超領域＞は、異質のシナリオの共存する場所と言い換えてもいい。もはや一筋縄のシナリオでは、現代の空間を準備することができない、という予感があるのである。

Architecture is an “imagination-liberating device” that frees the human imagination through its spaces. Space comprises the relationships between the various architectural elements, and having read the network of these relationships, to write scenarios is fundamental to the act of design. Of course, there could be a scenario that betrays, a scenario that is despairing, a scenario that is abandoned, a scenario that violates, etc. This is, however, a question of methodology. In any case, a space is created by decision, and territories become related. In other words, we could say that “trans-territory” is the place where heterogeneous scenarios coexist. I think that in order to produce a contemporary space, inconsistent and conflicting scenarios are necessary.

具体来说，作为“想象力解放装置”的建筑必须“介入”空间来“解放”人们的想象力。“空间”与建筑中的诸多要素息息相关，可以说“读取”其中的各种关系，并加以“编写成剧本”的行为也就是所谓的设计。依照不同的设计方法论，建筑的“剧本”可以是融合了“背叛”、“断念”、“放弃”及“反向操作”等理念，然后再以一个“决断”来构思最后的空间，建立起与领域的关系。“超领域”可说是各种性质互异的“剧本”共存的空间，而且已经有种单一“剧本”将无法完整构成现代空间的预感。

<상상력 해방의 장치>로서의 건축은 구체적으로는 그 공간을 통해 사람들의 상상력을 해방시킨다.공간은 건축적인 여러 요소간의 관계이고, 관계의 코를 읽는 시나리오를 그리는 것이 설계라는 행위의 뿌리에 있다.물론 시나리오에서 벗어나는 시나리오, 더 벗어난 시나리오, 단념된 시나리오, 방치된 시나리오,배반하는 시나리오 등도 방법론상의 차이이며, 어찌 되었든 어떤 결단으로 공간은 구상되며, 영역들은 관계를 맺게 된다.<초영역>을 ‘이질적인 시나리오가 공존하는 장소’라고 말해도 좋겠다. ‘이제 한 줄의 시나리오로 현대의 공간을 준비하는 것은 불가능하다’라는 예감이 드는 것이다.

＜超領域＞が方法論上のタームであるとすれば、これを空間を介して現象的に捉えるなら、おそらくは＜異界＞という言葉がふさわしい。＜異界＞とは、帰属を拒む場であり、何ものかへとつながっている場であるからだ。＜異界＞は日常的機能を超越する。

If “trans-territory” is a methodological term and we interpret this from a phenomenological viewpoint through space, it could be appropriately described as “another world”. “Another world” transcends ordinary, everyday functions. It is a place that rejects possession while being connected to other worlds.

假如“超领域”是方法论上的术语，而我们透过空间用“现象学”的观点来阐释的话，会发现“异界”非常适合作为描述它的语汇。“异界”是拒绝归属的场所，因为它超越了日常的机能而与所有东西都紧密相接。

<초영역>이 방법론적인 용어라고 한다면, 이를 공간을 통해 현상적으로 본다면, <이계>라는 말이 어울릴듯하다.<이계>라는 것은 귀속을 거절하는 장소이고 어딘가로 연결되는 장소이기 때문이다.<이계>는 일상적인 기능을 초월한다.

ピラミッド、パルテノン、パンテオン、カテドラル、・・・建築のはるかな歴史の山並みのピークを形づくるこうしたものたちは、すでにして機能を超越することによって、われわれの記憶に突き刺さっている。機能から形式への跳躍を果たしたといってもいい。記憶へと刻み込まれる永遠の形式へと、その存在を結晶させた。新しい形式を、未来の人々の記憶に残る現代の形式を、見つけださねばならない。

The Pyramid, Parthenon, Pantheon, Cathedral … these are all architectural types that have shaped the peaks of architectural history and are firmly imprinted on our memories, as they transcend merely functional spaces. We could say that they accomplished the leap from Function to Form. Their presence has acquired an eternal form that is engraved in our memories. We must search for a new form for the present, which will become a memory for people in the future.

金字塔、帕提农神庙、万神殿、圣母大教堂……这些历史上的巅峰名作，超越了原本被赋予的机能，鲜明地留在你我的记忆之中；也可以说是这些由“功能”升华的“形式”，如同“结晶”一般被人们所深刻地铭记。而身处现代的我们，也必须寻找能给未来人们留下永远记忆的建筑形式。

피라미드, 파르테논, 판테온, 성당… 건축의 아득한 역사의 산맥에서 정상을 구성하는 이런 것들은 이미 기능을 초월함으로써 우리의 기억 속에 박히고 있다. 기능에서 형식으로의 도약을 이루어 냈다고 말할 수 있겠다. 기억에 아로새겨진 영원의 형식은 그 존재의 결정(結晶)이다. 새로운 형식을, 미래의 사람들의 기억에 남을 현대의 형식을 찾아내지 않으면 안 된다.

日常的機能から象徴的形式へと超越したこれらのものたちが、今なおわれわれの心を打つのは、その＜異界＞性のゆえである。われわれは、別に王の墓であったり、アテナのための神殿であったり、聖母マリアが祭ってあるから心を打たれるのではない。その空間の、ある響き、香り、想像力をはるか高みへと引き上げるある種の＜力＞に魅せられるのだ。異質の他者に出会うことに怖れおののき、憧れるのだ。

The reason why our hearts are still struck by these architectural types that transcend everyday Function toward symbolic Form is due to their psyche of "another world". We are not impressed by the fact that we may be looking at the tomb of a king, a shrine to Athena, or a place to worship Mary, Holy Mother of God. Rather, we are attracted to the sounds and scents, and to a "power" that lifts our imagination to lofty heights. We are fearful of encountering these external elements, yet we admire them.

超越了“日常功能”而升华为“象征形式”的建筑，何以能够持续地撼动后人的心？这是因为它们拥有“异界”的特性。并不是因为它们是国王的坟墓、神殿或是为圣母玛利亚祭祀所见，而是属于那个空间的声音、香气的某种特性，能够激发出我们想像力的某种“力”在作用的缘故。我们对于这来自外部的“未知感”，总是抱有一些恐怖以及折服。

일상적인 기능에서 상징적인 형식으로 초월한 이런 것들이 아직도 우리의 감성을 두드리는 것은 이 <이계성(異界性)> 때문이다.우리는 왕의 무덤이나, 신전, 성모마리아를 모시고 있다거나 하는 것에 그다지 깊이 끌리고 있지 않다.그 공간의 어떤 울림, 향기, 상상력을 높고 높은 곳에 끌어올리는 모종의 <힘>에 매혹된다. 이질적인 다른 존재를 만나는 것을 두려워하면서도 동경하는 것이다.

かつて人びとの描いたコスモロジーは、自らの世界を組織づけ、実は＜異界＞との交感を果たすための見取り図ではなかったか。コスモロジーと＜異界＞とは背中合わせだ。＜異界＞を垣間みるべくコスモロジーが整備され、コスモロジーを望むべく＜異界＞が構築された。人びとの意志の結晶たる＜異界＞。古来建築は、こうした＜異界＞のこの世に現出する役割を果たしてきた。

Didn't people once organize their own world around cosmological factors, constructing sketches for communication with "another world"? The phenomena of "cosmos" and "another world" lie back to back. Cosmology served to catch a glimpse of "another world", and "another-world" was constructed in order to command the cosmos. "Another world" is the fruit of our will. Since ancient times, architecture has played a role in focusing our aims on the realization of "another world".

摊开古时候人们所描绘的“宇宙学”，除了界定人类自身的世界，尚呈现出与“异界”交感的配置。“宇宙学”与“异界”像是“背靠背”的一体两面，由“宇宙学”的缝隙里可以窥见“异界”，由“异界”望出去“宇宙学”亦尽在眼前。“异界”就像人们意志的结晶，自古以来，建筑就是让“‘异界’浮现在现实”里的“道具”。

일찍이 사람들이 그린 우주론은 자신만의 세계를 조직하고, 실제로 <이계>와 교감을 하기 위한 겨냥도가 아니었을까. 우주론적인 현상과 <이계>는 서로 등을 맞대고 있다. <이계>를 엿보려고 우주론이 정비되고, 우주론을 바라보기 위해 <이계>가 구축되었다. 사람들의 의지의 결정(結晶)인 <이계>. 예로부터 건축은 이런 <이계>를 이 세상에 나타내는 구실을 다해 왔다.

現代のテクノロジーが、メディアが、人びとの感性を新しい次元に導いている。建築は文化の源泉のひとつであり、新たな次元へと人びとを導く感性を孕みうるはずだ。その先にある新しい＜異界＞こそが、現代の建築のダイナミックな諸相と関わる新たな＜異界＞の在り方こそが、未来の記憶を呼び起こすに違いない。あらゆる時代において、そのようにして人びとは想像力を鍛え、新たな世界を開いてきたからである。

Modern technology and media have given new dimensions to human senses. I still think of architecture as being a source of culture; the new senses it creates lead people into different dimensions. I see this "another world" as having a relationship with various aspects of contemporary dynamic architecture that will be carried forward into the future. Of course, at every stage of history, people have trained their imagination in such ways, and opened up new worlds.

崭新的现代技术以及丰富的媒体，引导着人们的感性迈向“ 新次元 ”。建筑是文化泉源，而且也蕴含了引导人们迈向新时代所需要的感性。在前面等着我们的“ 异界 ”,也就是当代建筑所提示的各种“ 异界 ”的表相,它呼唤起我们对未来的记忆,也在这个时代中扮演着“ 训练 ”人们想像力以及“ 开拓新时代“ 的使命。

현대의 테크놀로지와 미디어가 사람들의 감성을 새로운 차원으로 이끌고 있다. 건축은 문화의 원천이며, 새로운 차원으로 사람들을 이끄는 감성을 품을 수 있을 것이다. 그 앞에 있는 새로운 <이계>. 즉, 현대 건축의 다이나믹한 모습들과 관계하는 새로운 <이계>의 자세야말로 미래의 기억을 불러 일으키는 것임이 분명하다. 모든 시대를 아울러 그런 식으로 사람들은 상상력을 단련하고, 새로운 세계를 열어 왔기 때문이다.

不連続都市

Discontinuous City

不连续都市

불연속도시

それは強度の分布により都市空間を形成する試みである。

外科手術でもなく、義手の装着でもない。

患部への放射線照射であり、あるいは経穴（ツボ）への刺激である。

不連続都市という概念は、時間的にせよ空間的にせよ、デザインの連続性に対する不信と疑念を下敷きにしている。

都市は連続体でなく不連続体であり、不連続点の分布だからである。

＜連続都市＞が取り逃がしたポエジーを、＜不連続都市＞は取り戻そうとしている。

不連続な事物は、出来事は、空間は、言葉は、ポエジーを孕む。それは人間の脳の構造と同じだから。

われわれはネットワークを選び取りながら生きている。

都市で出会う人々は互いに未知の人々である。すれ違うだけかもしれない。しかしその中から出会いが生まれ、そして選び取られる。

都市は未知なる人々との出会いの場だ。その魅力のためにわれわれは都市に集まっている。

出会いの可能性を最大限にすること。これが都市のデザインだ。

要素である建築はいきおい、関係の触手を持つ、イオンの状態の建築、未完結な事物とならざるをえない。

鬣を持つ建築の不連続な連続。

未完結な事物が不連続に連続すること。これが都市でありわれわれの時代である。「目的」は見えない。

竹山聖

This is an experiment in making urban spaces by the distribution of intense fragments.

Not by surgical operations, nor by attaching prosthetic limbs.

This is the irradiation of diseased parts, or the stimulation of acupuncture points.

The notion of "discontinuous city" was guided by a distrust and doubt of design methods based on continuity of time and space.

A city is not a continuum but a constellation of discontinuous points.

Through this "discontinuous city" project I planned to recapture the poesy that "continuous city" projects fail to grasp.

Discontinuous and discrete objects, events, spaces, and words conceive poesy.

For it has a structure similar to that of our brains. We live by selecting networks. We meet strangers in cities.

While we may be just passing, we may encounter another person, and select this as a precious moment in our lives.

Cities are filled with chances for encounter. That is why we visit and live in cities.

The task of urban design is to maximize the possibilities for meeting one another.

Architecture as an urban element should be an incomplete object — architecture of ionic exchange,

possessing connectors that relate to one another.

There will be continual discontinuity of architecture possessing spatial folds.

To be a continual discontinuity of incomplete forms is a significant feature of the cities and times in which we live,

wherein we can no longer find purpose and end.

Kiyoshi Sey Takeyama

这是一种依据强度的分布来形成都市空间的尝试。

不是“外科手术式”的，也不是“装义肢式”的，

而是如同“朝患部照射放射线式”的，或像是“刺激穴道的行为”。

不管是时间或是空间，“不连续都市”的这个概念，是基于对连续性的设计所表现出的一种“不信任感”。

因为，都市并不是连续体，而是非连续体，是不连续点的分布。

“不连续都市”尝试着将“连续都市”所“漏掉”的空间找回。如同人脑的构造一样，

不连续的事物、行为、空间及语言包含着诗一般的含义。

我们都在网路的选择中生存，走在都市的路上，相遇的都是未知的人们。

也许只是擦身而过，也许就在这个过程中人们相遇进一步相识、相知。

都市是让陌生人到朋友的场所。也因为这样的魅力，大家都集中到都市；可以说，都市设计的本质即是使这样的相遇“最大化”。

都市要能够成为人与人相遇的场所，身为要素的建筑必须要如伸长“触手”，

或是像活跃的原子，其本身就不该处于完整或稳定的状态。

可以说建筑如同衣服的皱褶或是山峦的起伏，每个切面都呈现不连续的状态，却又朝着前方无限蔓延。

尚未完结的事物由不连续“衔接”连续，这就是我们身处的时代。

建筑的面貌，已经看不到以往建筑的“目的”—给神的建筑、王室专用的建筑…

竹山圣

그것은 강도의 분포로 도시 공간을 형성하려는 시도이다.

외과 수술도 아니며, 의수나 의족을 갖다 붙이는 것도 아니다.

환부에 대한 방사선 조사이자, 혹은 혈자리를 자극하는 것이다.

불연속도시라는 개념은 시간적으로도, 공간적으로도, 디자인의 연속성에 대한 불신과 의심을 바탕으로 깔고 있다.

도시는 연속체가 아닌 불연속체이며, 불연속점의 분포이기 때문이다.

<연속도시>가 놓친 포에지(시적 영감)를 <불연속도시>는 되찾고자 한다.

불연속적인 사물, 사건, 공간, 말은 포에지를 품는다.

그것이 인간의 뇌 구조와 같기 때문이다.

우리는 네트워크를 선택하며 살아간다. 도시에서 만나는 사람들은 서로 미지의 사람들이다.

스쳐 지나갈 뿐일지도 모른다. 하지만 그 속에서 만남이 생겨나고 선택된다.

도시는 미지의 사람들을 만나는 장소이다. 그 매력 때문에 우리는 도시로 모인다.

만남의 가능성을 최대한 열어두는 것.그것이 도시 디자인이다.

요소로써의 건축은 필연적으로 관계의 촉수를 가진 이온상태의 건축, 미완의 사물이 될 수 밖에 없다.

주름을 가진 건축의 불연속적인 연속.미완의 사물이 불연속적으로 연속되는 것.

이 것이 도시이고, 우리 시대인 것이다. 목적은 보이지 않는다.

다케야마 세이

Photo Captions

D-hotel (1989)

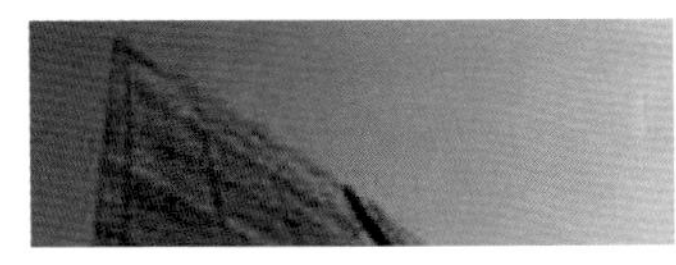

002-003 069

Site: Osaka, JAPAN Building type: Hotel

Structural system: Reinforced concrete Total floor area: 942.23 square meters

Photography: AMORPHE Takeyama & Associates, Yoshio Shiratori

Third Millennium Gate (2001)

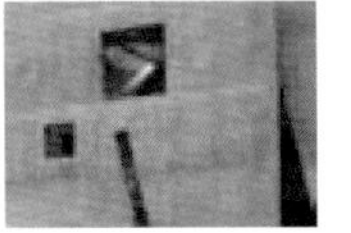

004 064 068

Site: Nagano, JAPAN Building type: Shop & Office

Structural system: Reinforced concrete Total floor area: 968.85 square meters

Photography: Yoshio Shiratori

Rikuryo Alumni Hall (2003)

006

Site: Osaka, JAPAN Building type: Alumni Hall

Structural system: Reinforced concrete & Steel frame Total floor area: 1307.55 square meters

Photography: Yoshio Shiratori

Kitano High School (2000)

008

Site: Osaka, JAPAN Building type: High School

Structural system: Reinforced concrete & Steel frame Total floor area: 8421.23 square meters

Photography: AMORPHE Takeyama & Associates

BENIYA MUKAYU (1996-2011)

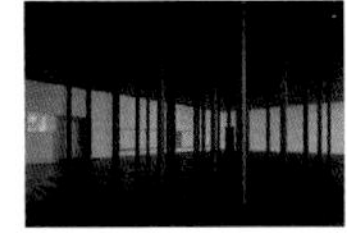

034 035 036-037

Site: Ishikawa, JAPAN Building type: Hotel

Total floor area: 5010.30 square meters

Photography: Yoshio Shiratori

Refraction House (2000)

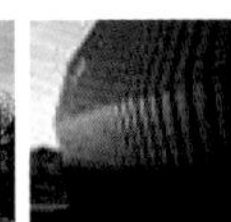

040 041 042 043 044 045

Site: Aichi, JAPAN Building type: House

Structural system: Reinforced concrete & Steel frame Total floor area: 130.80 square meters

Photography: Yoshio Shiratori

Blue Screen House (1993)

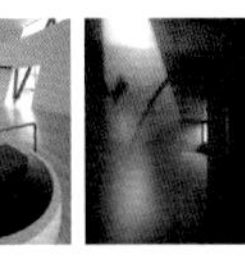

046 047 048 050 051

Site: Osaka, JAPAN Building type: House

Structural system: Reinforced concrete & Steel frame Total floor area: 172.11 square meters

Photography: Yoshio Shiratori, Katsuaki Furudate

SKY TRACE House (2006)

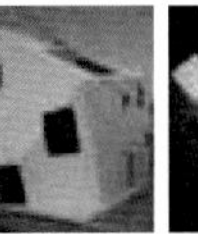
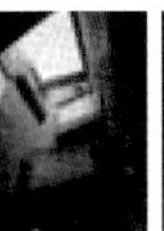

052 053 058 059

Site: Tokyo, JAPAN Building type: House

Structural system: Reinforced concrete Total floor area: 135.95 square meters

Photography: Yoshio Shiratori

Kaza Fune (2004)

060 062 063

Site: Osaka, JAPAN Building type: House

Structural system: Reinforced concrete & Steel frame Total floor area: 172.68 square meters

Photography: Nacása & Partners

OXY (1987)

070

Site: Tokyo, JAPAN Building type: Shop & Office

Structural system: Reinforced concrete Total floor area: 1040.12 square meters

Photography: Yoshio Shiratori

TERRAZZA (1991)

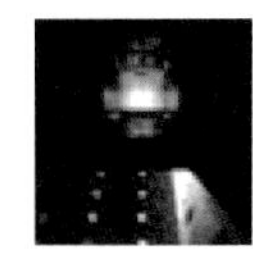
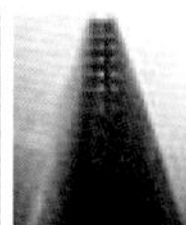

071 072 073

Site: Tokyo, JAPAN Building type: Shop & fitness club

Structural system: Reinforced concrete Total floor area: 7883.34 square meters

Photography: Nacása & Partners

Hokusai-Kan (Competition 2009)

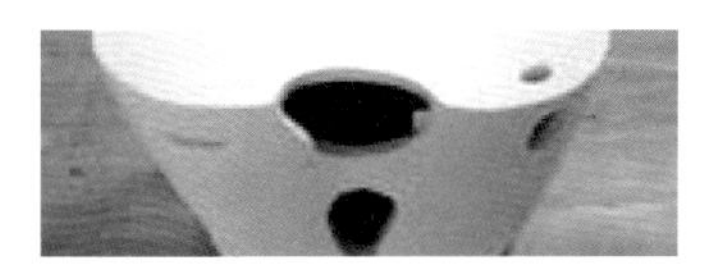

089

Site: Tokyo, JAPAN Building type: Museum

Photography: AMORPHE Takeyama & Associates

Komyo－ji Ruriko－in Byakurenge－do (2011-2014)

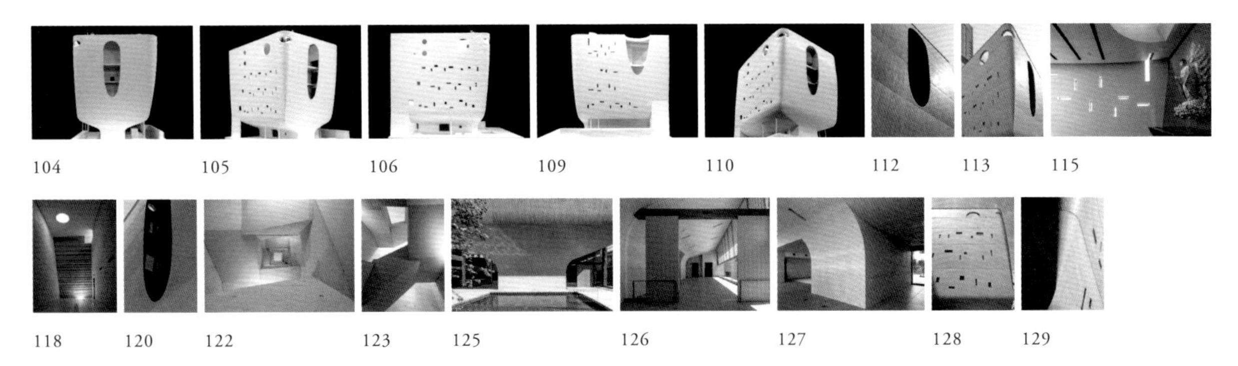

104 105 106 109 110 112 113 115

118 120 122 123 125 126 127 128 129

Site: Tokyo, JAPAN Building type: Temple

Structural system: Reinforced concrete Total floor area: 2294.52 square meters

Photography: AMORPHE Takeyama & Associates & Associates, Yoshio Shiratori

Kiyoshi Sey Takeyama

[*Ku*] empty

丛书名： 书・筑	叢書名： 書・築	Series： Book / Architecture	총서명: 서 · 축
书名： 空	書名： 空	Title： Ku	서적명: 공
作者： 竹山圣	著者： 竹山聖	Author： Kiyoshi Sey Takeyama	작가: 키요시 세이 타케야마
书籍设计： 三木健，沼田朋久	書籍設計： 三木健，沼田朋久	Book Designer： Ken Miki, Tomohisa Numata	북 디자이너: 켄 미키, 토모히사 누마타
协助： 设计组织阿毛菲	協力： 設計組織アモルフ	Cooperation： AMORPHE Takeyama & Associates	협조: 아모비 디자인 팀
出版社： 中国建筑工业出版社	出版社： 中国建築工業出版社	Publisher： China Architecture & Building Press	출판사: 중국 건축 공업 출판사
出版时间： 2016 年 9 月	初版： 2016 年 9 月	Publication Time： September 2016	출판날짜: 2016년9월
印刷装订： 北京雅昌艺术印刷有限公司	印刷製本： 北京アートロン社	Printer： Beijing Artron Art Printing Co.,Ltd	인쇄 제본: 북경 아창 예술 인쇄 유한회사
中文译者： 林宣宇	中国語訳： 林宣宇	Chinese Translator： Lin Xuanyu	중국어 역자: 임선우
韩文译者： 曹明镐	韓国語訳： 曺明鎬	Korean Translator： Cao Minghao	한국어 역자: 조명호
英文译者： 托马斯 · 丹尼尔	英語訳： トマス・ダンニル	English Translator： Thomas Daniell	영어 역자: 토마스 다니엘
法文译者： 爱丽丝 · 劳德	フランス語訳： エリス・ロード	French Translator： Elise Laudet	프랑스어 역자: 엘리스 로데

图书在版编目（CIP）数据

空 / [日] 竹山圣著.
—北京：中国建筑工业出版社，2016.6
（书·筑）
ISBN 978-7-112-19865-8
Ⅰ.①空… Ⅱ.①竹… Ⅲ.①建筑设计 Ⅳ.①TU2
中国版本图书馆CIP数据核字(2016)第223148号

出版策划　沈元勤　孙立波
版权总监　张惠珍
印制总监　赵子宽
设计统筹　廖晓明　孙　梅
责任编辑　徐晓飞　李　鸽　刘文昕　段　宁
责任校对　张慧丽　陈晶晶
书籍设计　三木健
中文校对　李　鸽
日文审读　刘文昕
韩文校对　金日学
英文校对　任　鑫

[书·筑]

空

[日] 竹山圣 著

中国建筑工业出版社出版、发行（北京西郊百万庄）
各地新华书店、建筑书店、经销
北京雅昌艺术印刷有限公司 制版印刷

开本：787×1092毫米　1/16　印张：9½　字数：396千字
2016年9月第一版　　2016年9月第一次印刷
定价：368.00元
ISBN 978-7-112-19865-8
(25660)